U0287079

ARCHITECTURAL RENDERING BIBLE

建筑表现牛皮书 II

商业建筑

Business ARCHITECTURE

凤凰空间·上海 编

江苏人民出版社

CONTENTS

HOTEL & CLUB

酒店会所

悬崖酒店

设计单位：香港华艺建筑设计

绘图单位：深圳市水木数码影像科技有限公司

1. 悬崖酒店
设计单位：香港华艺建筑设计
绘图单位：深圳市水木数码影像科技有限公司

2. 旅顺宾馆
绘图单位：大连景熙建筑绘画设计有限公司

1

卡塔尔公建

绘图单位：杭州天朗数码影像设计有限公司

1. 某酒店
设计单位：浙江高专建筑设计研究院有限公司
绘图单位：宁波江东屹欧博图文设计有限公司

2. 青岛酒店
设计单位：上海新特思建筑设计咨询有限公司
绘图单位：上海鼎盛建筑设计有限公司

1

3. 云南普洱酒店
设计单位：中国美术学院风景建筑设计研究院
绘图单位：杭州博凡数码影像设计有限公司

1. 某商业酒店
绘图单位：西安鼎凡数字科技有限公司

2. 某酒店
设计单位：浙江高专建筑设计研究院有限公司／郑驰
绘图单位：宁波江东屹欧博图文设计有限公司

2

1. 开原市滨水新城酒店项目
设计单位：辽宁省城乡建设规划设计院（规划方案所）
绘图单位：沈阳市景文建筑绘图设计有限公司

2. 某度假村
绘图单位：全景（福建）计算机图形有限公司

1

3. 度假酒店
设计单位：岱山勘察设计院
绘图单位：宁波江东屹欧博图文设计有限公司

1. 某酒店
设计单位：上海PRC建筑咨询有限公司
绘图单位：上海瑞丝数字科技有限公司

2. 某酒店
设计单位：中建国际（CCDI）
绘图单位：深圳市千尺数字图像设计有限公司

1

3. 山东威海李炽兰迪大酒店
设 计 师：毛静华
绘图单位：宁波江东屹欧博图文设计有限公司

1. 三亚凯宾斯基酒店
设计单位：新潮建筑设计公司
绘图单位：天津景天汇影数字科技有限公司

2. 岱山海边度假酒店
设计单位：岱山建筑勘察院／金平安
绘图单位：宁波江东屹欧博图文设计有限公司
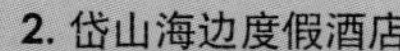

1

2

3. 江阴敔山湾五星级酒店
设计单位：得盛（上海）建筑设计咨询有限公司
绘图单位：上海鼎盛建筑设计有限公司

某酒店
绘图单位：北京艺盛诚数字科技有限公司

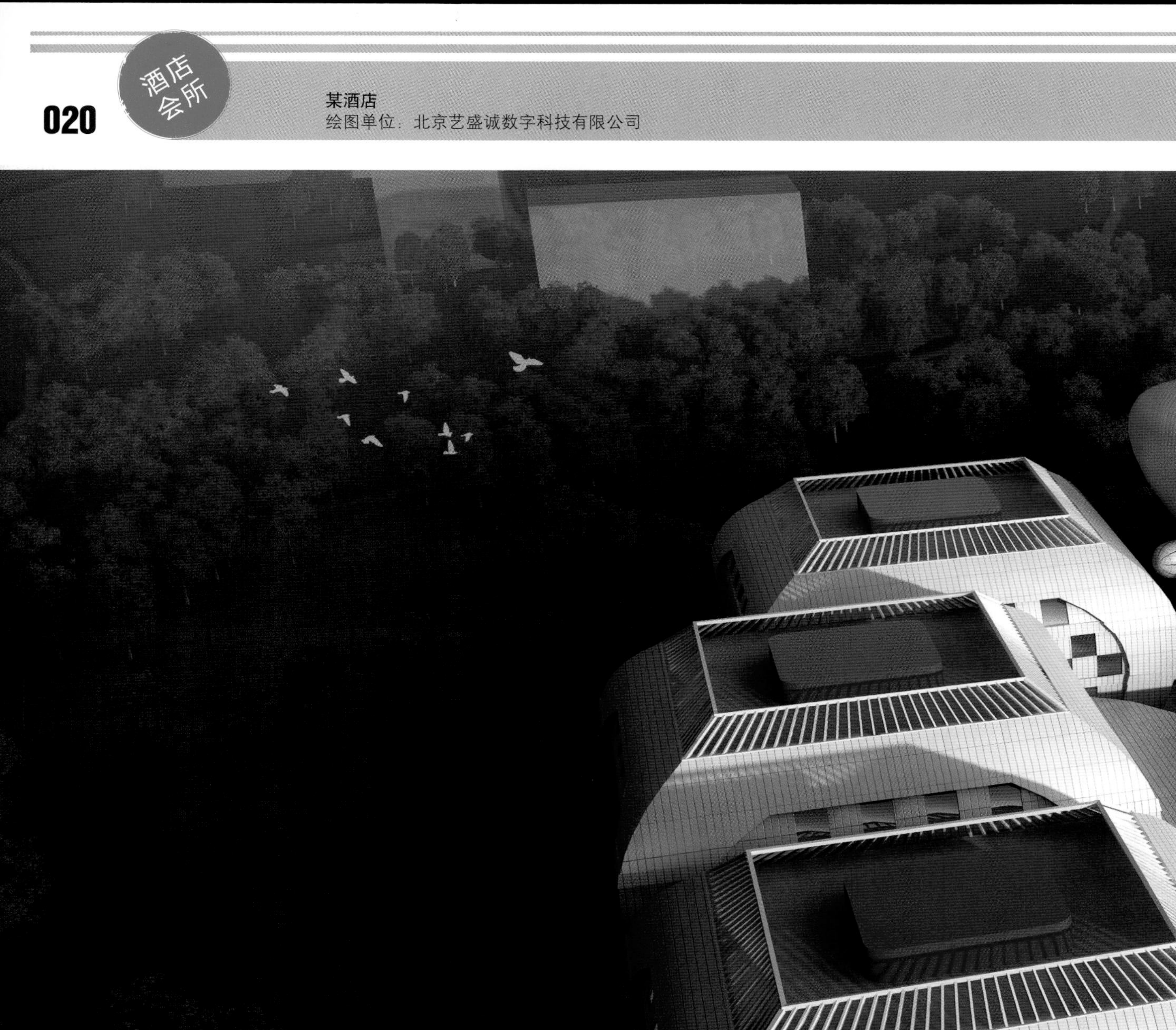

1. 遂宁酒店

设计单位：欧安地建筑设计事务所
绘图单位：北京艺景轩建筑设计咨询有限公司

2. 抚顺市五星级度假酒店

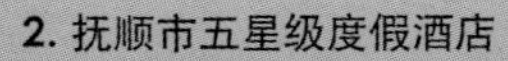

设计单位：沈阳中建凡艺建筑设计有限公司
绘图单位：沈阳中建凡艺建筑设计有限公司

1

2

某酒店
绘图单位：西安鼎凡数字科技有限公司

1. 某酒店
绘图单位：西安鼎凡数字科技有限公司

2. 洛阳酒店
设 计 师：张予强
绘图单位：郑州玖月图文设计有限公司

酒店
会所

1. 某酒店
绘图单位：广州市千水数码技术有限公司

2. 海边公建
设计单位：北京晓普建筑设计咨询有限公司
绘图单位：杭州博凡数码影像设计有限公司

华府天地
设计单位：上海恩威建筑设计有限公司
绘图单位：上海鼎盛建筑设计有限公司

格力酒店
设计单位：日清／杨培深
绘图单位：上海翰境数码科技有限公司

1. 扬州酒店项目
绘图单位：上海翰境数码科技有限公司

2. 武汉百瑞景会所
设计单位：泛太
绘图单位：上海翰境数码科技有限公司

1

2

1. 长沙梅溪湖
设计单位：上海水石国际
绘图单位：上海瑞丝数字科技有限公司

2. 重庆亚太商业
设计单位：上海海馥建筑设计有限公司
绘图单位：上海鼎盛建筑设计有限公司

1

2

3. 遂宁酒店
设计单位：欧安地建筑设计事务所
绘图单位：北京艺景轩建筑设计咨询有限公司

4. 某会所
绘图单位：全景（福建）计算机图形有限公司

1. 海洋城
设计单位：上海栖城
绘图单位：上海瑞丝数字科技有限公司

2. 南通酒店
设计单位：上海恩威建筑设计有限公司
绘图单位：上海鼎盛建筑设计有限公司

1

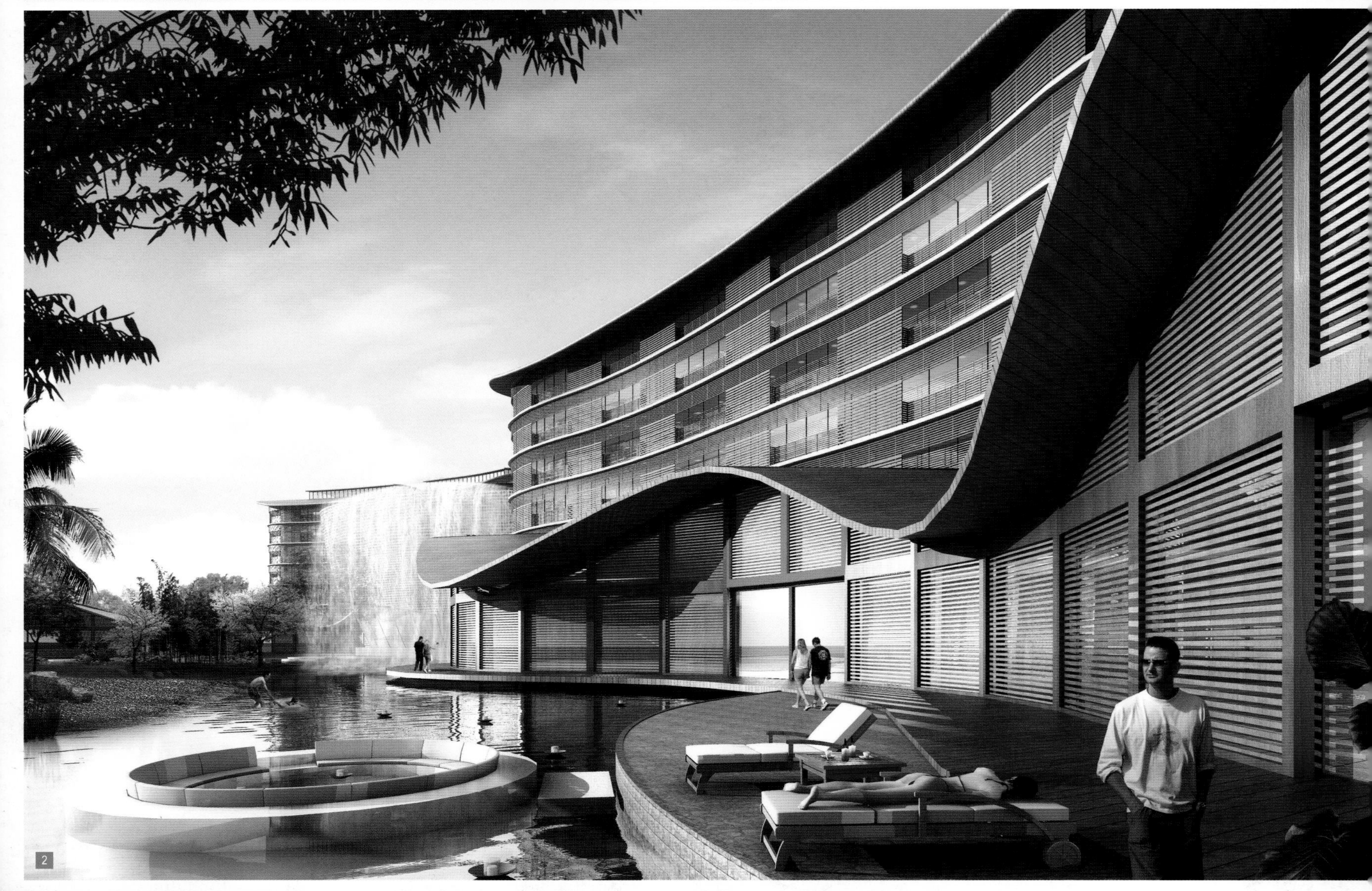

2

温州某酒店
设 计 师：宋明忠
绘图单位：上海瑞丝数字科技有限公司

1. 开封东京大酒店
设计单位：英国JRDESIGN
绘图单位：上海创昊艺术设计有限公司

2. 贵州毕节天河国际会议中心
设计单位：欧安地建筑设计事务所
绘图单位：北京艺景轩建筑设计咨询有限公司

1

1

1. 海南三亚红树林
设计单位：意境（上海）建筑设计有限公司
绘图单位：上海鼎盛建筑设计有限公司

2. 武汉东湖宾馆宴会厅
设计单位：同济大学建筑与城市规划院
绘图单位：上海写意数字图像有限公司

3. 云南玉溪
设计单位：深圳万脉设计
绘图单位：深圳市水木数码影像科技有限

1

2

4. 云南江城五星酒店
设计单位：中国美术学院风景建筑设计研究院
绘图单位：杭州博凡数码影像设计有限公司

五大连池宾馆
设计单位：哈尔滨市拓普装饰设计有限公司
绘图单位：哈尔滨市拓普装饰设计有限公司

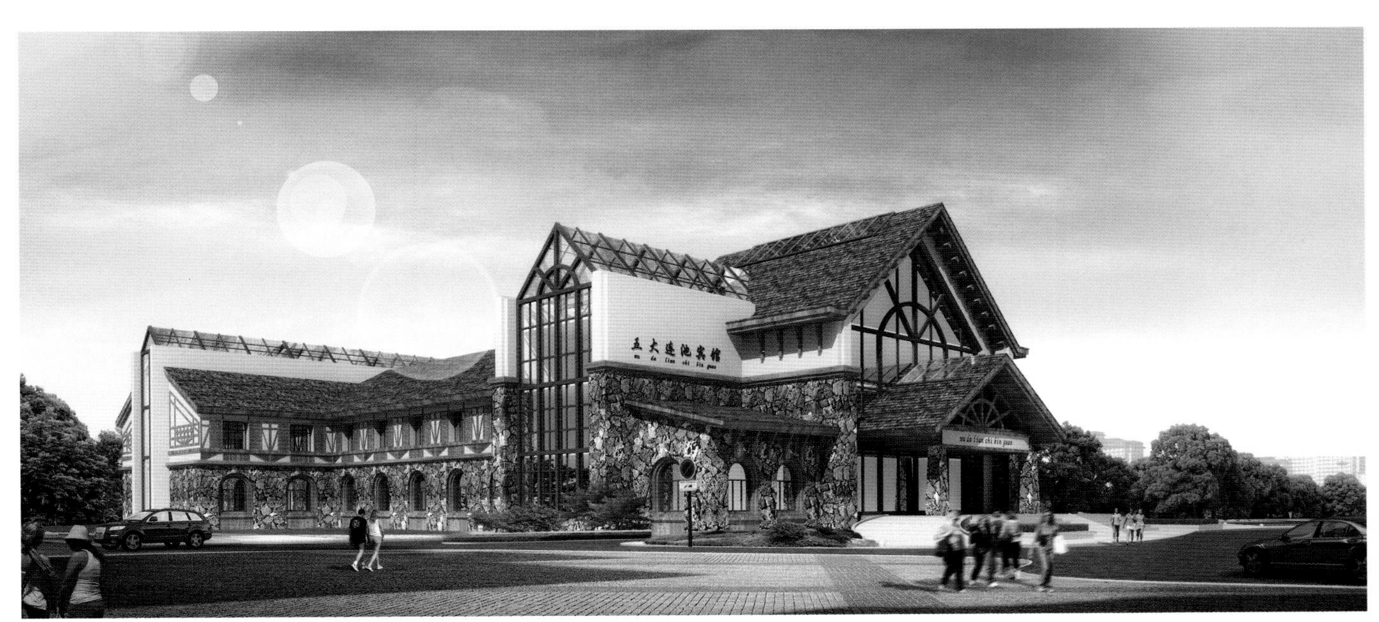

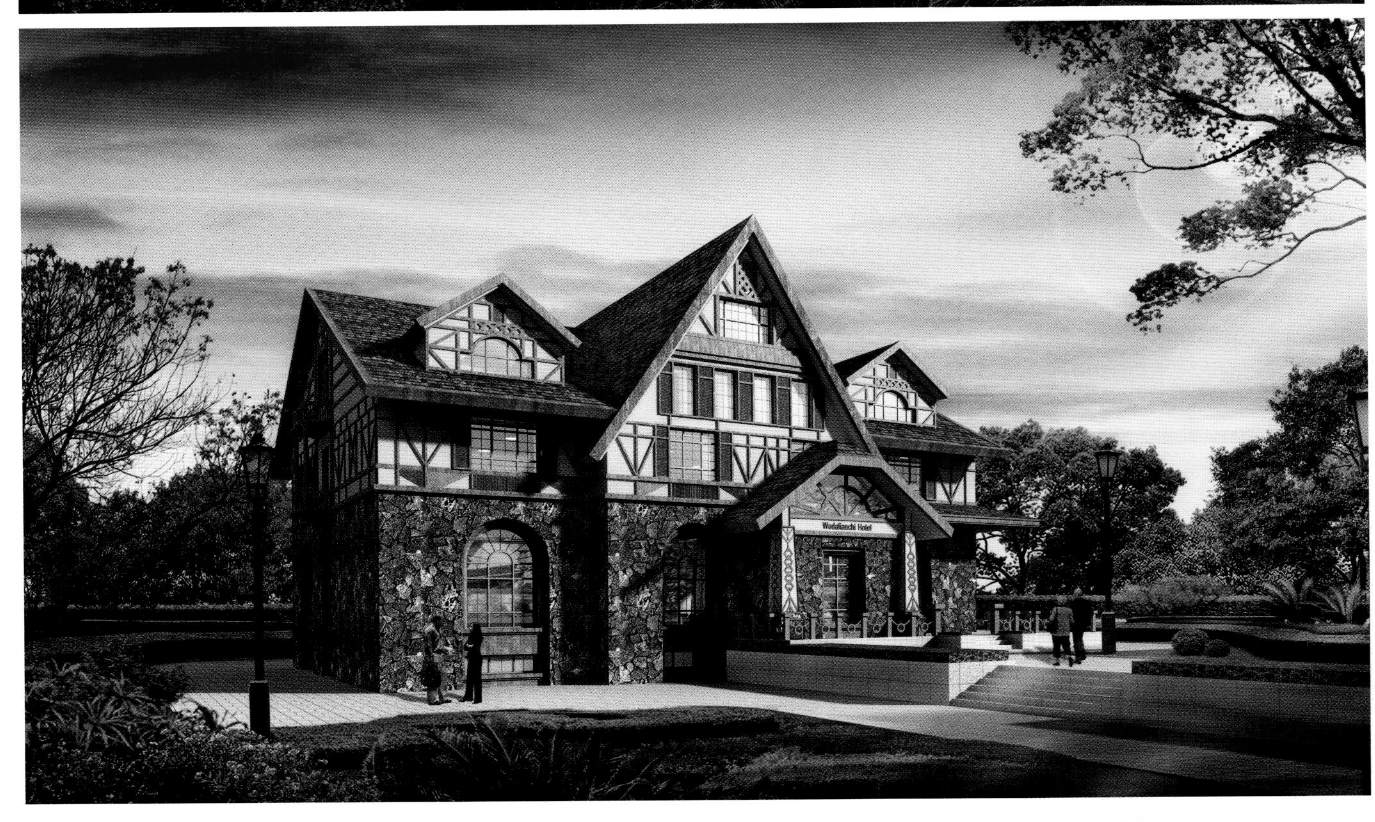

岷江会馆
设 计 师：罗杰
绘图单位：成都腾风图文设计有限公司

某酒店

绘图单位：广州市千水数码技术有限公司

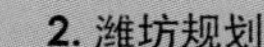

1. 辽宁省碧湖泉商务会馆
绘图单位：沈阳中建凡艺建筑设计有限公司

2. 潍坊规划
设计单位：上海水石国际
绘图单位：上海瑞丝数字科技有限公司

1

1

2

1. 嘎拉湾会所
设计单位：成都阿尔本设计有限公司
绘图单位：上海艺筑图文设计有限公司

2. 湖州温泉
设计单位：上海奇创旅游景观设计有限公司
绘图单位：上海曼延数字科技有限公司

1

1

1. 磨盘山温泉会馆
设计单位：厦门合道南昌分公司
绘图单位：南昌艺构装饰设计有限公司

2. 昆山高尔夫
设计单位：上海恩威建筑设计有限公司
绘图单位：上海鼎盛建筑设计有限公司

3. 阳光100高尔夫会所
绘图单位：沈阳市景文建筑绘图设计有限

1

2

4. 高尔夫会所
设计单位：深圳市建筑设计研究总院有限公司
绘图单位：深圳市宜百利艺术设计有限公司

5. 某酒店
设计单位：华丰集团
绘图单位：宁波江东屹欧博图文设计有限公司

国宾馆
设计单位：上海大椽建筑设计事务所
绘图单位：上海鼎盛建筑设计有限公司

地杰老房子
设计单位：日清／宋浩
绘图单位：上海翰境数码科技有限公司

地杰老房子
设计单位：日清／宋浩
绘图单位：上海翰境数码科技有限公司

1. 龙子湖宾馆
设计单位：上海PRC建筑咨询有限公司
绘图单位：上海瑞丝数字科技有限公司

2. 扬州迎宾馆
设计单位：深圳思创建筑设计有限公司
绘图单位：深圳市千尺数字图像设计有限公司

1

2

2

3. 成都鹤鸣山
设计单位：上海美筑群景设计有限公司
绘图单位：上海艺筑图文设计有限公司

高尔夫景观

设 计 师：王邦研

绘图单位：上海赫智建筑设计有限公司

日式会所

设计单位：深圳市良图设计咨询有限公司
绘图单位：深圳尚景源设计咨询有限公司

某会所

设计单位：上海米川建筑设计事务所

绘图单位：上海瑞丝数字科技有限公司

某会所
设计单位：天华五所／刘思男
绘图单位：上海翰境数码科技有限公司

山东酒店项目
绘图单位：上海翰境数码科技有限公司

太仓酒店
设计单位：日清／黄小卷
绘图单位：上海翰境数码科技有限公司

CHUN DA HOTEL

CHANEL

太仓酒店
设计单位：日清／黄小卷
绘图单位：上海翰境数码科技有限公司

CHUN DA HOTEL

重庆项目
设计单位：日清
绘图单位：上海翰境数码科技有限公司

珠海酒店
设计单位：日清／杨培深
绘图单位：上海翰境数码科技有限公司

丫山酒店

设计单位：深圳市美塔博林建筑设计有限公司

绘图单位：深圳尚景源设计咨询有限公司

Y山国际生态酒店

1. 某会所
设计单位：香港萧氏设计
绘图单位：长沙市雨花区大涵装饰设计室

2. 温泉山庄
绘图单位：宁波锦绣华绘图文有限公司

1

1. 活动中心
设计单位：刘志钧建筑设计事务所
绘图单位：上海艺筑图文设计有限公司

2. 盐城绿地
设计单位：上海鼎实建筑设计有限公司
绘图单位：上海艺筑图文设计有限公司

1

1

1. 成都棠湖
绘图单位：重庆海侨文化传媒有限公司

2. 某项目
绘图单位：南京碧天建筑景观设计有限责任公司

1

2

3. 日本某公建
设计单位：日本西建筑
绘图单位：天津一道数码科技有限公司

1. 盐城酒店
设计单位：上海鼎实建筑设计有限公司
绘图单位：上海艺筑图文设计有限公司

2. 澜廷会所
设计单位：浙江绿城东方建筑设计有限公司
绘图单位：杭州博凡数码影像设计有限公司

1

2

HOLIDAY VILLAGE AND TOURIST AREA

旅游度假

贵州多彩城

设计单位：北京世纪豪森建筑设计有限公司

绘图单位：无锡市子矛图文设计工作室

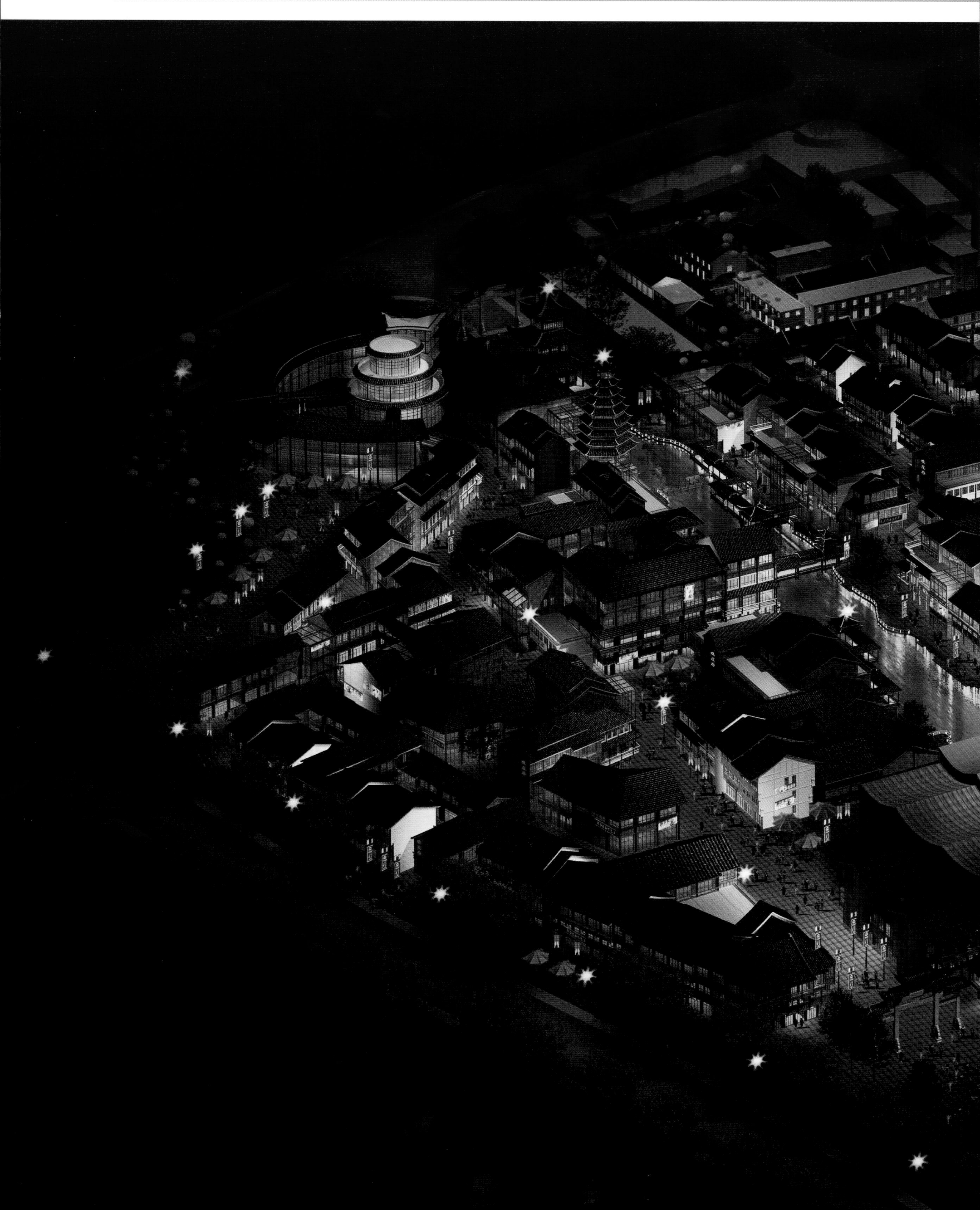

1. 贵州多彩城
设计单位：北京世纪豪森建筑设计有限公司
绘图单位：无锡市子矛图文设计工作室

2. 苏州概念
设计单位：上海必雅
绘图单位：上海瑞丝数字科技有限公司

1

1

贵州多彩城

设计单位：北京世纪豪森建筑设计有限公司

绘图单位：无锡市子矛图文设计工作室

将军镇
设计单位：上海米川建筑设计事务所
绘图单位：上海瑞丝数字科技有限公司

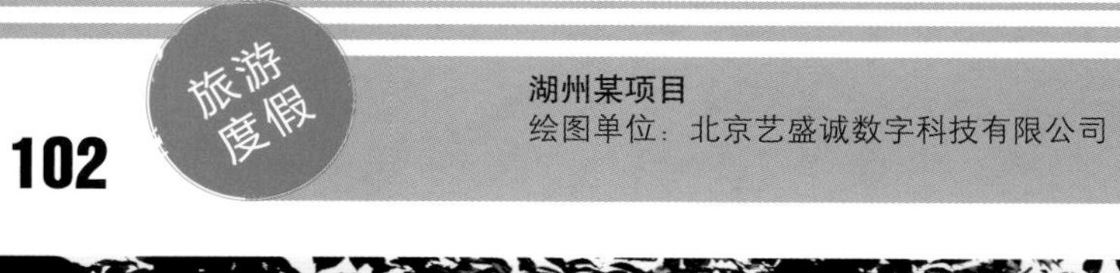

湖州某项目
绘图单位：北京艺盛诚数字科技有限公司

1. 成都青城山九龙观项目
设计单位：四川华胜建筑设计有限公司
绘图单位：成都上润图文设计制作有限公司

2. 西山湖景德镇
设计单位：上海PRC建筑咨询有限公司
绘图单位：上海瑞丝数字科技有限公司

3. 某院落
绘图单位：沈阳市景文建筑绘图设计有限

旅游
度假

同江俄罗斯风情园
设计单位：哈尔滨市拓普装饰设计有限公司
绘图单位：哈尔滨市拓普装饰设计有限公司

某项目
设计单位：日盛设计
绘图单位：日盛设计

1. 欧风丽墅
设计单位：深圳万脉设计
绘图单位：深圳市水木数码影像科技有限公司

2. 度假中心
绘图单位：重庆海侨文化传媒有限公司

1

1

1

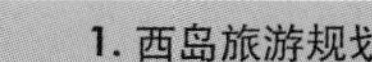

1. 西岛旅游规划
设计单位：澳大利亚HYN建筑设计
绘图单位：深圳市千尺数字图像设计有限公司

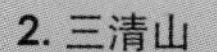

2. 三清山
设计单位：深圳物业国际
绘图单位：深圳市千尺数字图像设计有限公司

旅游
度假

辽阳汤泉谷温泉度假水城规划设计
设计单位：沈阳瑞丰达景观设计工程有限公司
绘图单位：沈阳市景文建筑绘图设计有限公司

汤泉谷温泉水世界

辽阳汤泉谷温泉度假水城规划设计
设计单位：沈阳瑞丰达景观设计工程有限公司
绘图单位：沈阳市景文建筑绘图设计有限公司

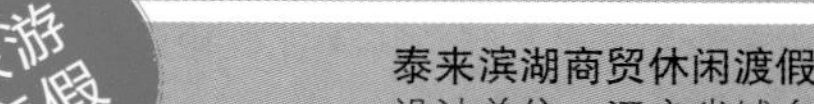

泰来滨湖商贸休闲渡假区

设计单位：辽宁省城乡建设规划设计院（建筑一所）

绘图单位：沈阳市景文建筑绘图设计有限公司

AVE

AVE

1. 海南陵水夏宫
设计单位：中联程泰宁建筑设计研究院
绘图单位：上海艺筑图文设计有限公司

2. 稻城亚丁
设计单位：上海NWA设计有限公司
绘图单位：上海艺筑图文设计有限公司

旅游
度假

某项目
设计单位：日盛设计
绘图单位：日盛设计

COMPLEX

COMMERCIAL CITY

综合体

徐州万达
设计单位：上海鼎实建筑设计有限公司
绘图单位：上海艺筑图文设计有限公司

LANCASTER

徐州万达
设计单位：上海鼎实建筑设计有限公司
绘图单位：上海艺筑图文设计有限公司

ISSEY MIYAKE
MINIMUM

1. 徐州万达
设计单位：上海鼎实建筑设计有限公司
绘图单位：上海艺筑图文设计有限公司

2. 福州东二环泰禾项目
设计单位：思邦建筑设计咨询(上海)有限公司
绘图单位：杭州博凡数码影像设计有限公司

1

1

1

合川缤果城商业区
绘图单位：重庆市无极动画科技有限公司

合川缤果城商业区
绘图单位：重庆市无极动画科技有限公司

Meters/bonwe
SDS
SURF DIVE 'N' SKI
GUCCI
COACH
Levi's

A地块

设计单位：吉好地咨询(北京)有限公司长沙分公司

绘图单位：长沙一川数字科技有限公司

综合体

KAHLUA

Meters bonwe

太仓绿地

设计单位：水石国际（W&R）

绘图单位：上海谷地建筑设计咨询有限公司

VALENTINO

苏州某方案
设计单位：上海筑博建筑设计有限公司
绘图单位：上海艺筑图文设计有限公司

苏州某方案

设计单位：上海筑博建筑设计有限公司

绘图单位：上海艺筑图文设计有限公司

CHANEL
GIEMARU

GIEMARU
LOUIS VUITTON
CHANEL

邳州综合体

设计单位：中国美术学院风景建筑设计研究院

绘图单位：杭州博凡数码影像设计有限公司

SVANSTRÖMS

1. 天洋项目
设计单位：思邦建筑设计咨询(上海)有限公司
绘图单位：杭州博凡数码影像设计有限公司

2. 某商业
绘图单位：重庆海侨文化传媒有限公司

1

1

1

2

唐山某商业综合体

设计单位：思邦建筑设计咨询(上海)有限公司

绘图单位：杭州博凡数码影像设计有限公司

Dior
DEKO

成都规划
设计单位：美国PATEL建筑设计事务所
绘图单位：北京艺景轩建筑设计咨询有限公司

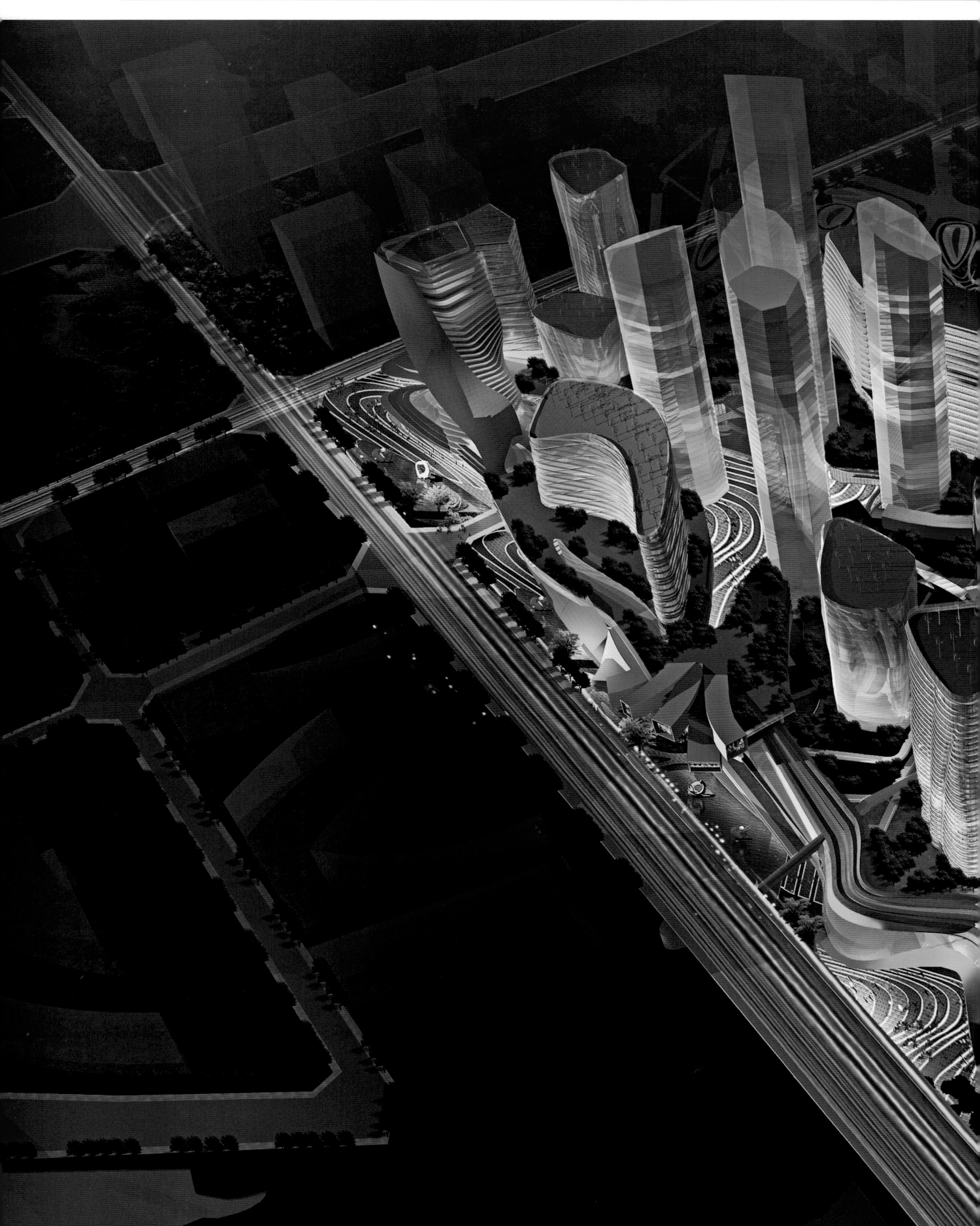

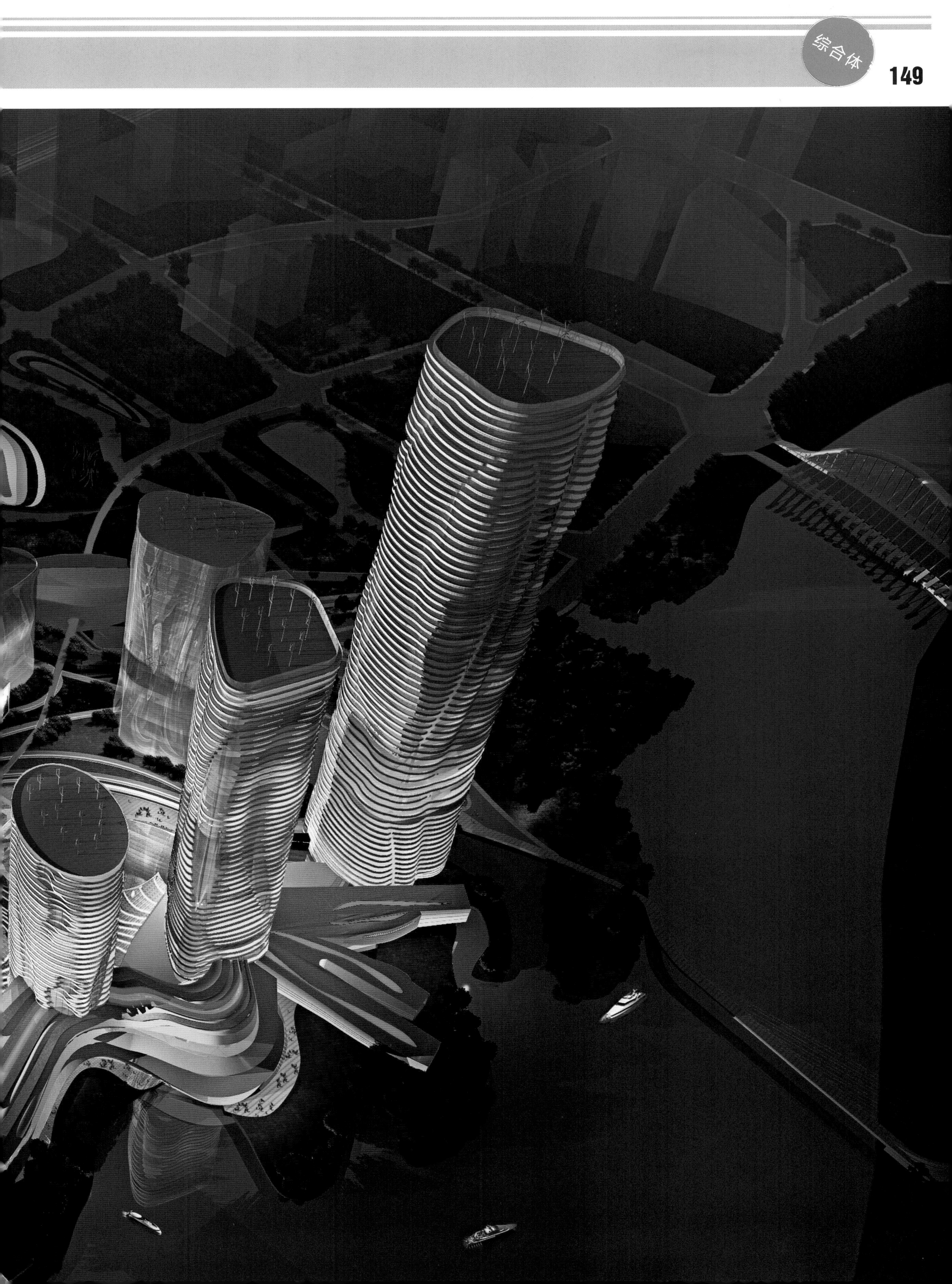

1. 成都规划
设计单位：美国PATEL建筑设计事务所
绘图单位：北京艺景轩建筑设计咨询有限公司

2. 东信商业综合体
设计单位：中国中建设计集团有限公司
绘图单位：北京回形针图像设计有限公司

1

1

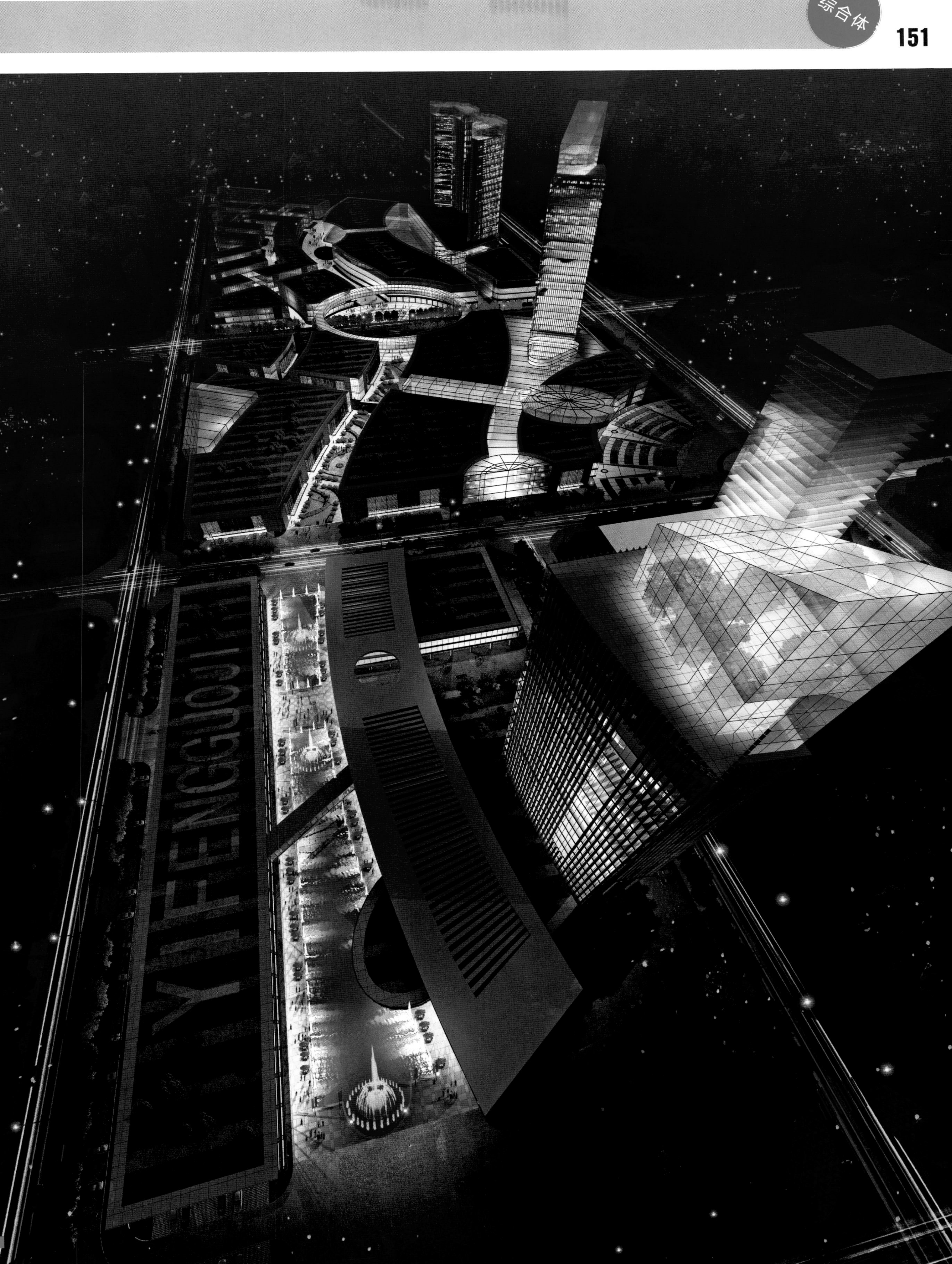
YIFENGGUOJI

1. 成都项目
设计单位：深圳市筑道建筑工程设计有限公司
绘图单位：深圳市朗形数码影像传播有限公司

2. 某商业中心
绘图单位：全景（福建）计算机图形有限公司

1

3. 长沙万达
设计单位：港普泰(GPT)
绘图单位：上海谷地建筑设计咨询有限公司

2

3

山西长治红星美凯龙
设计单位：重庆卓创国际
绘图单位：上海赫智建筑设计有限公司

山西长治红星美凯龙
设计单位：重庆卓创国际
绘图单位：上海赫智建筑设计有限公司

JACK JONES
O·N·L·Y

波罗村

设计单位：上海栖城

绘图单位：上海瑞丝数字科技有限公司

GUCCI
D&G
SWAROVSKI

沈阳地块
设计单位：LWK建筑设计
绘图单位：深圳市水木数码影像科技有限公司

GUCCI
GUCCI

中青创项目
设计单位：中国联合工程公司
绘图单位：杭州博凡数码影像设计有限公司

Dior
PRADA
SWAROVSKI
SWAROVSKI
LOEWE
EMPORIO ARMANI
LOUIS VUITTON

万科某商业综合体
设计单位：思邦建筑设计咨询(上海)有限公司
绘图单位：杭州博凡数码影像设计有限公司

LOUIS VUITTON
GUCC

HØYRES HUS
Real
ZALES
la prairie
CLARINS
TONY

1. 青浦商业
设计单位：上海水石国际
绘图单位：上海瑞丝数字科技有限公司

2. 某商业综合体
设计单位：上海环都建筑设计有限公司
绘图单位：上海桥智建筑设计有限公司

1

1

STARBUCKS COFFEE

永勤路项目
设计单位：上海米丈建筑设计有限公司
绘图单位：杭州博凡数码影像设计有限公司

GA11号街坊

设计单位：JA城市规划与景观设计有限公司
绘图单位：杭州天朗数码影像设计有限公司

1. 安徽置地广场
设计单位：英国V3设计有限公司
绘图单位：上海艺筑图文设计有限公司

2. 番禺万达
设计单位：上海鼎实建筑设计有限公司
绘图单位：上海艺筑图文设计有限公司

1

CHANEL

WANDA PLA

1. 青岛富都国际广场
设计单位：LAB_尚墨建筑工程有限公司
绘图单位：上海曼延数字科技有限公司

2. 大同绿地
设计单位：中联程泰宁建筑设计研究院
绘图单位：上海艺筑图文设计有限公司

1

1

PALADINI
CHANEL
HAYDEN

GREENLAND

滕州项目
设计单位：上海鼎实建筑设计有限公司
绘图单位：上海艺筑图文设计有限公司

苏州太湖旅游度假区东入口
设计单位：深圳市博艺建筑工程设计有限公司
绘图单位：深圳市朗形数码影像传播有限公司

滕州项目
设计单位：上海鼎实建筑设计有限公司
绘图单位：上海艺筑图文设计有限公司

BOSS
DNKY
Armani Collezoni
LOUIS VUITTON
LOUIS VUITTON
ESPRIT
Milady's
VERO MODA
SISLEY
Manhattan
VERO MODA

Häagen-Dazs
HOF RESTAURANT
STARBUCKS
Pizza Hut
JAEGER

1. 佛山东平新城商业综合体概念规划与设计
设计单位：OUR（HK）设计事务所
绘图单位：深圳市长空永恒数字科技有限公司

2. 金龙路海口项目
设计单位：浙江省装饰有限公司
绘图单位：杭州博凡数码影像设计有限公司

1

3. 合肥市政北路北侧地块
设计单位：中国联合工程公司
绘图单位：杭州博凡数码影像设计有限公司

2

1. 东圃地块
设计单位：广州市规划院
绘图单位：广州威影设计有限公司

2. 哥伦布广场概念方案
设计单位：无锡哥伦布商业经营管理有限公司
绘图单位：无锡市子矛图文设计工作室

1

3. 贵阳保利国际广场设计方案
设计单位：英国RMJM（上海）代表处
绘图单位：上海写意数字图像有限公司

1. 鞍山市铁东某商业综合体
绘图单位：沈阳中建凡艺建筑设计有限公司

2. 南京商业
设计单位：北京荣盛景程建筑设计咨询有限公司
绘图单位：北京图道影视多媒体技术有限责任公司

1

1

2

1. 钱江世纪城
设计单位：ADA巴塞罗那建筑设计公司
绘图单位：杭州博凡数码影像设计有限公司

2. 深圳盐田中轴线项目
设计单位：思邦建筑设计咨询(上海)有限公司
绘图单位：杭州博凡数码影像设计有限公司

1

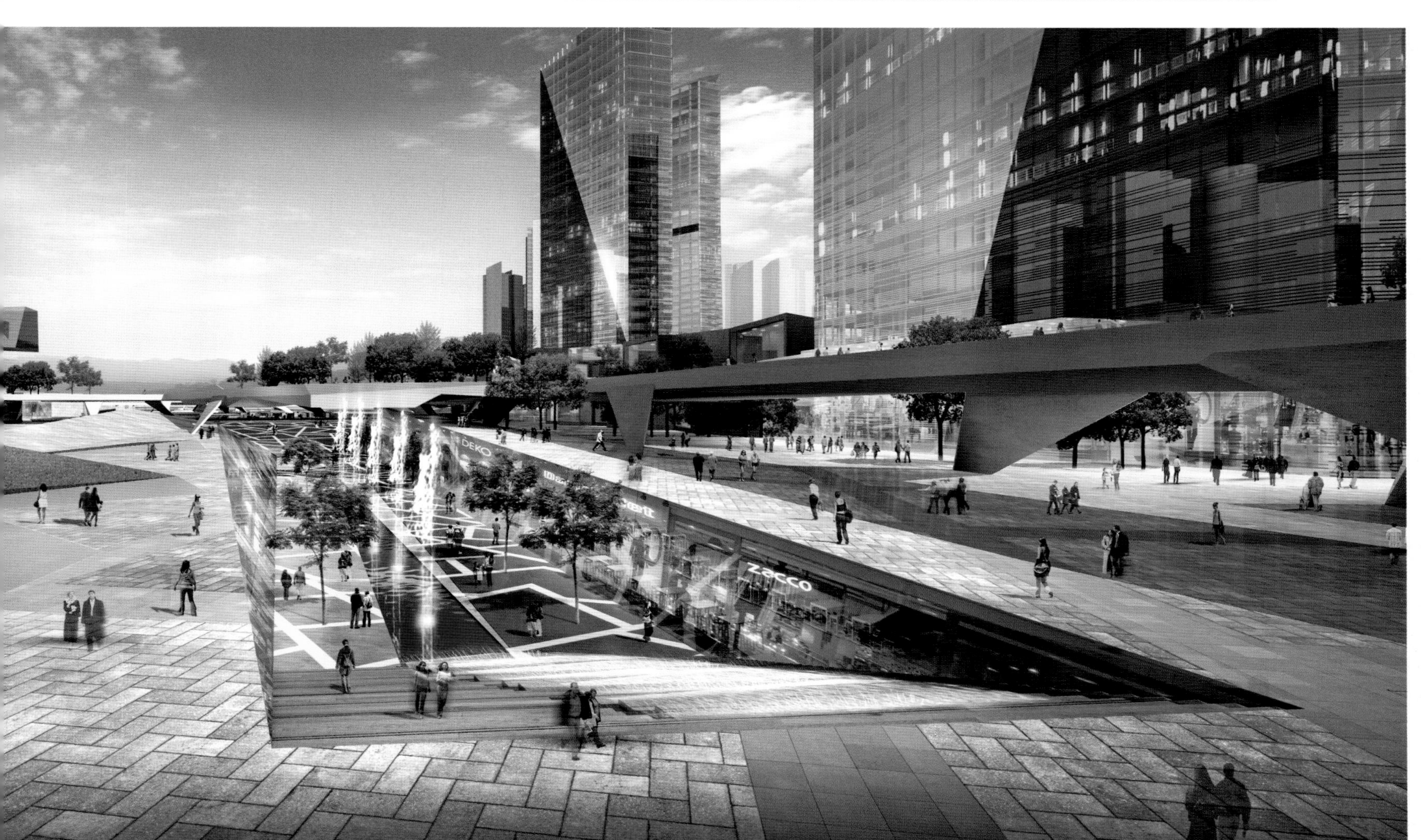
DEKO
zacco

1. 杭州新天地项目
设计单位：杭州光合建筑设计有限公司
绘图单位：杭州博凡数码影像设计有限公司

2. 广州万科科城商业办公中心
设计单位：思邦建筑设计咨询(上海)有限公司
绘图单位：杭州博凡数码影像设计有限公司

1

安规划

计单位：思邦建筑设计咨询(上海)有限公司

图单位：杭州博凡数码影像设计有限公司

1. 某商业综合体
设计单位：上海方度国际建筑事务所
绘图单位：上海桥智建筑设计有限公司

2. 海口某规划
设计单位：思邦建筑设计咨询(上海)有限公司
绘图单位：杭州博凡数码影像设计有限公司

1

2

九龙山亲水湾
设计单位：意境（上海）建筑设计有限公司
绘图单位：上海鼎盛建筑设计有限公司

襄阳
设计单位：CCDI(深圳)
绘图单位：深圳市水木数码影像科技有限公司

襄阳
设计单位：CCDI(深圳)
绘图单位：深圳市水木数码影像科技有限公司

青岛某项目

设计单位：杭州原塑建筑设计有限公司

绘图单位：杭州天朗数码影像设计有限公司

1. 国贸
设计单位：哈尔滨工业大学建筑设计研究院
绘图单位：日盛设计

2. 宁波宜家花园商业
设计单位：北京SYN建筑社稷
绘图单位：映像社稷（北京）数字科技有限公司

1

3. 君庭置业五角场

设计单位：上海PRC建筑咨询有限公司
绘图单位：上海瑞丝数字科技有限公司

2

1. 杭州某项目
设计单位：上海亚新工程顾问有限公司
绘图单位：上海鼎盛建筑设计有限公司

2. 上海陆家嘴富都项目
设计单位：上海米丈建筑设计有限公司
绘图单位：杭州博凡数码影像设计有限公司

1

SFC
CALIFORNIA
FIREFIGHTERS

SFC

1. 昊龙广场
设计单位：上海栖城
绘图单位：上海瑞丝数字科技有限公司

2. 湘诚嘉园
设计单位：吉好地咨询(北京)有限公司长沙分公司
绘图单位：长沙一川数字科技有限公司

2

1. 某规划
绘图单位：东莞市莞城天海图文设计工作室

2. 柬埔寨金边商业综合体
设计单位：北京SYN建筑社稷
绘图单位：映像社稷（北京）数字科技有限公司

2

2

临平银泰地块
设计单位：杭州合艺建筑环境设计有限公司
绘图单位：杭州天朗数码影像设计有限公司

COMMERCIAL CITY

商业城

东部新城某建筑
设计单位：宁波市本末建筑设计有限公司
绘图单位：宁波市土豆多媒体设计有限公司

1. 凤凰
设计单位：上海城市空间设计有限公司
绘图单位：上海艺筑图文设计有限公司

2. 温州桃花岛
设计单位：浙江安地建筑规划设计有限公司
绘图单位：杭州天朗数码影像设计有限公司

3. 伊春商业
设计单位：哈尔滨工业大学建筑学院
绘图单位：哈尔滨一方伟业文化传播有限公司

红星美凯龙
绘图单位：重庆海侨文化传媒有限公司

ABSOLUT APPLE
S.T. Dupont
PARIS
jmb multimedia

ABSOLUT APPLE
S.T. Dupont

红星美凯龙
绘图单位：重庆海侨文化传媒有限公司

STARBUCKS COFFEE
AUPRES
IS COFFEE

红星美凯龙

绘图单位：重庆海侨文化传媒有限公司

1. 航空港
设计单位：上海PRC建筑咨询有限公司
绘图单位：上海瑞丝数字科技有限公司

2. 手机店
设 计 师：宋明忠
绘图单位：上海瑞丝数字科技有限公司

1

2

1. 重庆华硕电子城
设计单位：北京SYN建筑社稷
绘图单位：映像社稷（北京）数字科技有限公司

2. CWTC国贸
设计单位：思邦建筑设计咨询(上海)有限公司
绘图单位：杭州博凡数码影像设计有限公司

1

1

1. 义乌市某超市
绘图单位：上海瑞丝数字科技有限公司

2. 虹桥项目
设计单位：上海恩威建筑设计有限公司
绘图单位：上海鼎盛建筑设计有限公司

1

3. 嘉定集中商业

设计单位：上海PRC建筑咨询有限公司

绘图单位：上海瑞丝数字科技有限公司

1. 弘城国际方案
设 计 师：王江峰
绘图单位：上海赫智建筑设计有限公司

2. 海口红星美凯龙
设计单位：重庆卓创国际
绘图单位：上海赫智建筑设计有限公司

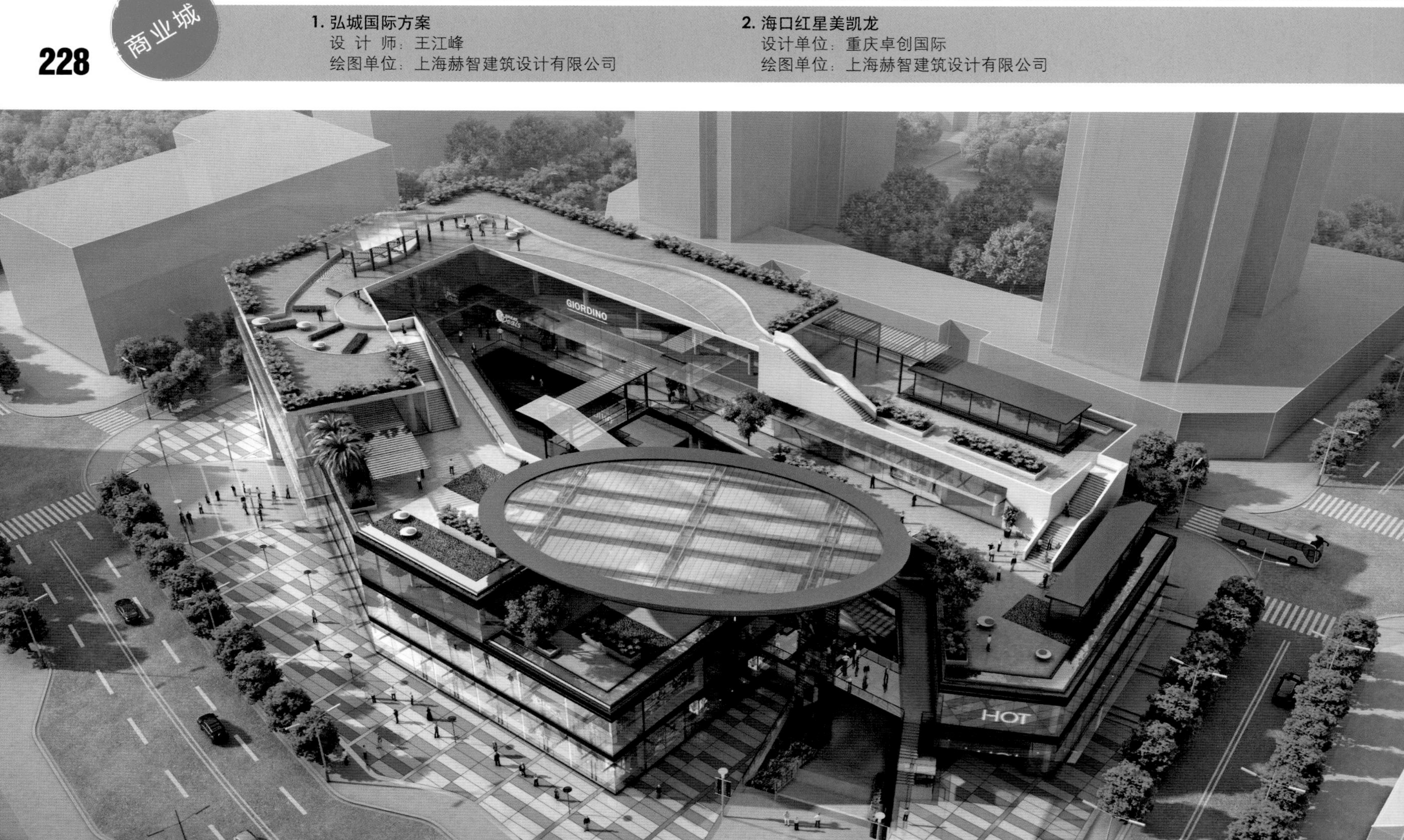

1

1

3. 淡滨尼广场
设计单位：思邦建筑设计咨询(上海)有限公司
绘图单位：杭州博凡数码影像设计有限公司

1. 泰禾项目
设计单位：思邦建筑设计咨询(上海)有限公司
绘图单位：杭州博凡数码影像设计有限公司

2. 泉州万达
设计单位：易兰
绘图单位：丝路数码技术有限公司

1

FERRING
NATUZZI
DRESSMANN
SEIKO
VERO MODA

MINZE STYLE

ZARA
Coca-Cola

上海徐汇项目
设计单位：思邦建筑设计咨询(上海)有限公司
绘图单位：杭州博凡数码影像设计有限公司

1. 深圳蛇口金融中心
设计单位：思邦建筑设计咨询(上海)有限公司
绘图单位：杭州博凡数码影像设计有限公司

2. 上海徐汇项目
设计单位：思邦建筑设计咨询(上海)有限公司
绘图单位：杭州博凡数码影像设计有限公司

1

2

2

1. 南京浦口奥食卡
设计单位：上海禾置建筑工程设计咨询有限公司
绘图单位：上海鼎盛建筑设计有限公司

2. 长兴岛商业
设计单位：上海现代规划建筑设计院
绘图单位：上海鼎盛建筑设计有限公司

STARBUCKS COFFEE
STREET FIGHTER IV
STREET FIGHTER
Deviant Run-Factor

STARBUCKS COFFEE

1. PLOT 3项目
设计单位：思邦建筑设计咨询(上海)有限公司
绘图单位：杭州博凡数码影像设计有限公司

2. 某商业
设计单位：上海方度国际建筑事务所
绘图单位：上海桥智建筑设计有限公司

1

2

2

1. 久光项目
设计单位：美国KMD设计有限公司
绘图单位：上海艺筑图文设计有限公司

2. 东阳木雕城
设计单位：中国联合工程公司
绘图单位：杭州博凡数码影像设计有限公司

1

1

无锡摩尔商业城
设计单位：上海林同炎李国豪土建工程咨询有限公司
绘图单位：上海非思建筑设计有限公司

ARMAN
ERMENEGILDOZEGNA
HERMES
GUCCI
CHANEL
VEDGWOOD
BENTLEY
CALVIN KLEIN
DOLCE & GABBANA
GABBANA
KLEINALVIN
LOUIS VNITTON

1. 无锡摩尔商业城
设计单位：上海林同炎李国豪土建工程咨询有限公司
绘图单位：上海非思建筑设计有限公司

2. 金石滩
绘图单位：上海鼎盛建筑设计有限公司

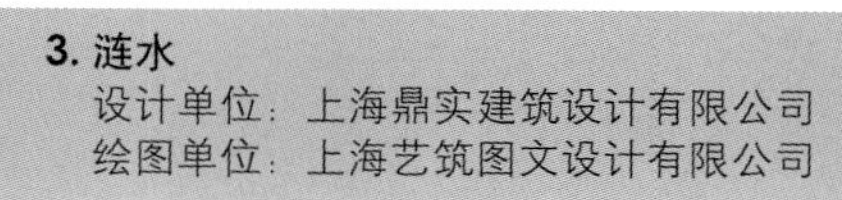

3. 涟水

设计单位：上海鼎实建筑设计有限公司

绘图单位：上海艺筑图文设计有限公司

青岛奥特莱斯
设计单位：深圳卓艺装饰设计工程公司
绘图单位：上海鼎盛建筑设计有限公司

SHOPPING PEDESTRIAN STREET

商业街

四川绵阳国际办公商业
设计单位：TOP国际事务所／苏伟
绘图单位：宁波江东屹欧博图文设计有限公司

The Coffee Break
The Coffee Break
TOKYU HANDS

1. 崇安寺
设计单位：中联程泰宁建筑设计研究院
绘图单位：上海艺筑图文设计有限公司

2. 酒吧一条街
设计单位：张家界规划设计院
绘图单位：长沙市雨花区大涵装饰设计室

1

1

SPRINGSUMMER 1997
ebig
LANCOME

酒
Welcome
Heineken
beer

余姚府前路地块
设计单位：中联程泰宁建筑设计研究院
绘图单位：上海艺筑图文设计有限公司

STARBUCKS COFFEE

余姚府前路地块

设计单位：中联程泰宁建筑设计研究院

绘图单位：上海艺筑图文设计有限公司

新天地

聚寶堂

1. 白山规划
设计单位：上海创昊艺术设计有限公司
绘图单位：上海创昊艺术设计有限公司

2. 幸福小区规划
设计单位：上海创昊艺术设计有限公司
绘图单位：上海创昊艺术设计有限公司

顺兴酒
玉泰轩
尚玩居

1. 茂业南京项目
设计单位：深圳市同济人建筑设计有限公司
绘图单位：深圳市原创力数码影像设计有限公司

2. 海盐商业街
设计单位：宏正建筑设计院
绘图单位：杭州景尚科技有限公司

奥倫紅酒街
國樂壹

1.八都风情街
设计单位：南昌长宇／杨家宾
绘图单位：南昌艺构装饰设计有限公司

2.内蒙古中式商业街
设计单位：天津天咨拓维建筑设计有限公司
绘图单位：天津一道数码科技有限公司

1

2

3.瓜州项目
设计单位：ECS
绘图单位：上海赫智建筑设计有限公司

2

2

3

1. 盘锦红墅1858沿街会所及商网
设计单位：中国建筑东北设计研究院有限公司（四所）
绘图单位：沈阳市景文建筑绘图设计有限公司

2. 咸宁万豪温泉谷
设计单位：天华五所
绘图单位：丝路数码技术有限公司

3. 内蒙古锡林浩特规划
设计单位：上海米川建筑设计事务
绘图单位：上海瑞丝数字科技有限

1

2

3

4. 绿地长春饕界

设计单位：上海水石国际

绘图单位：上海瑞丝数字科技有限公司

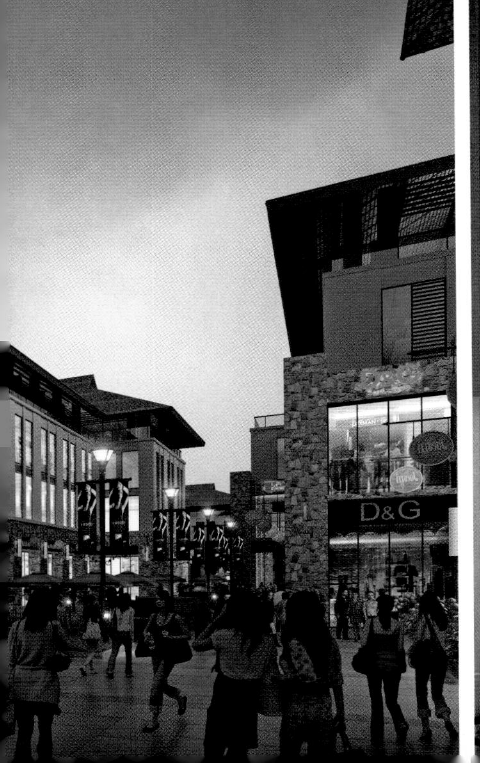

泽云
设计单位：大涵设计
绘图单位：长沙市雨花区大涵装饰设计室

MTR PLAZA
Dior
Heineken
beer
SEPHORA
STARBUCKS COFFEE

COACH
EMPORIO
EMPORIO

1. 泽云
设计单位：大涵设计
绘图单位：长沙市雨花区大涵装饰设计室

2. 湘家荡
设计单位：宏正建筑设计院
绘图单位：杭州景尚科技有限公司

COACH
jamaicablue café
Cabbeen
mannings
EMPORIO
AROVSKI

Fine
Skywood
Kanebo
WATERSIDE
Value internet

1. 营口步行街
设计单位：日盛设计
绘图单位：日盛设计

2. 同济嘉实
设计单位：上海柏涛（PTA）
绘图单位：上海谷地建筑设计咨询有限公司

1

3. 怀化住宅
设 计 师：袁晔
绘图单位：深圳市水木数码影像科技有限公司

1. 祝桥商业
设计单位：上海建科建筑设计院有限公司
绘图单位：上海曼延数字科技有限公司

2. 熙街
绘图单位：重庆海侨文化传媒有限公司

1

3. 大连万达
设计单位：万达
绘图单位：丝路数码技术有限公司

图书在版编目（CIP）数据

建筑表现牛皮书. 第2辑. 商业建筑 / 凤凰空间·上海编. -- 南京 : 江苏人民出版社, 2012.12
ISBN 978-7-214-08759-1

Ⅰ. ①建… Ⅱ. ①凤… Ⅲ. ①商业－服务建筑－建筑设计－作品集－中国－现代 Ⅳ. ①TU206

中国版本图书馆CIP数据核字(2012)第211369号

建筑表现牛皮书 II——商业建筑

凤凰空间·上海 编

策划编辑：潘 华 冯 林
责任编辑：刘 焱 潘 华
责任监印：彭李君
出版发行：凤凰出版传媒集团
凤凰出版传媒股份有限公司
江苏人民出版社
天津凤凰空间文化传媒有限公司
销售电话：022-87893668
网 址：http://www.ifengspace.com
集团地址：凤凰出版传媒集团（南京湖南路1号A楼 邮编：210009）
经 销：全国新华书店
印 刷：深圳当纳利印刷有限公司
开 本：1016毫米×1420毫米 1/16
印 张：17
字 数：136千字
版 次：2012年12月第1版
印 次：2012年12月第1次印刷
书 号：ISBN 978-7-214-08759-1
定 价：285.00元